COSMOLOGICAL ME

Para Solei
y Gabriel, este
'facing up', y
feliz de tenerlos
en Athens,
Luis S
Dic 2012.-

LUIS CORREA-DÍAZ

Cosmological Me

EPs

www.cosmological.me

Translated into English by Heather Cleary Wolfgang

Preface by Alberto G. Rojo

Published after The International Year of Astronomy (2009)
by

El fin de la noche

Correa-Díaz, Luis
Cosmological Me : EPs / Luis Correa-Díaz ; con prólogo de Alberto G. Rojo. - 1a ed. - Buenos Aires : El fin de la noche, 2010.
84 p. ; 20x13 cm. - (Caligrama)

Traducido por: Heather Cleary Wolfgang
ISBN 978-987-1491-17-9

1. Poesía. I. Rojo, Alberto G., prolog. II. Cleary Wolfgang, Heather, trad. III. Título
CDD 861

Imagen de tapa: Courtesy of NASA/JPL-Caltech,
http://photojournal.jpl.nasa.gov/catalog/PIA02587

Diagramación imagen "Canticle of Sir Brother Sun (with a country-music twist)": Jason Ray Robinson

Traducción: Heather Cleary Wolfgang

www.cosmological.me

ISBN 978-987-1491-17-9
Editorial El fin de la noche

Hecho el depósito que previene la ley 11.723

Para sugerencias o comentarios acerca del contenido de esta obra, escríbanos a: info@elfindelanoche.com.ar

www.elfindelanoche.com.ar

Física y poesía

Una de las ideas más poéticas que leí es de Werner Heisenberg, el científico que muchos consideran el menos poético: "Luz y materia son ambas entidades individuales y la aparente dualidad emerge de las limitaciones de nuestro lenguaje." La cita es de la introducción a *The Physical Principles of the Quantum Theory*, donde expone el detalle de una nueva física con un rigor matemático casi dictatorial, despojado, según cierto consenso, de todo contenido estético.

La belleza, el criterio estético, la búsqueda de una correspondencia de las leyes naturales con un orden preestablecido, anterior incluso a la experimentación, es un principio rector en muchos otros avances científicos. Claussius, Einstein, Dirac, Weyl y De Broglie descifraron claves complejísimas del Universo persiguiendo, menos que la explicación de experimentos inexplicados, un horizonte de simetría y simplicidad. Así desplegaron los precisos tejidos de un tapiz coherente, un mapa de la realidad que estaba implícito en una intricada madeja de metáforas, intuiciones literarias y extrapolaciones fantásticas de la realidad. "Ves, hijo mío, aquí el tiempo se vuelve espacio" –dice Wagner en Parsifal. Y Poe en "Eureka: un Poema en Prosa" propone, en 1848, la solución aceptada hoy para la llamada paradoja de Olbers: si el tamaño del universo es infinito y las estrellas están distribuidas por todo el universo, entonces deberíamos ver una estrella en cualquier dirección y el cielo nocturno debería ser brillante. Sin embargo, el cielo es oscuro. ¿Por qué? "La única forma", dice Poe, "de entender los huecos [voids] que nuestros telescopios encuentran en innumerables direcciones, sería suponiendo una distancia al fondo [background] invisible, tan inmensa que aún ningún rayo proveniente de ahí fue capaz de alcanzarnos". Ernesto Cardenal, muchos años después habría de citarlo en "La música de las esferas": "Pero es oscura la noche y el universo ni infinito ni eterno."

Los trabajos de Heisenberg, en cambio, no parecen emerger de esa tradición. Steven Weinberg lo enfatiza en *El sueño de una teoría final.* Heisenberg no acude a visualizaciones ni a extrapolaciones de intuiciones previas sino que procede, dice Weinberg, como un mago que no parece "estar razonando en absoluto, sino que salta todos los pasos intermedios para llegar a una nueva intuición sobre la naturaleza".

Por eso me fascina la alusión de Heisenberg a una limitación del lenguaje al referirse a una aparente dualidad física. La poesía es precisamente la exploración de las limitaciones del lenguaje, el ensayo de insistentes permutaciones que prolonguen el alcance de la inteligencia, la búsqueda de microrrevelaciones, la intención de expresar lo inexpresable. Será por eso que en más de una ocasión lo que empezó como artificio de la imaginación poética convergió en síntesis científica de la realidad. El último círculo del *Infierno* de Dante tiene la estructura geométrica de una esfera en un espacio de cuatro dimensiones (la así llamada "S3"), anticipando la posible curvatura de nuestro espacio tridimensional. Y en "El jardín de senderos que se bifurcan", Borges concibe un laberinto temporal llamativamente similar al de los "muchos mundos" cuánticos, propuesto años después por Henry Everett III.

Se dijo que la ciencia y la poesía sirven a divinidades contrarias: la inteligencia y las emociones. O, si se prefiere, a la realidad y a la ficción. Pero los grandes poemas son miradas profundas a la realidad y los grandes avances científicos redefinen los límites de la imaginación, de manera que existe un borroso territorio de intersección, un hábitat compartido por la ciencia y por la poesía. Alguien contrario a esta coexistencia es, curiosamente, Samuel Taylor Coleridge, quien, en su "Definiciones de poesía", propone que la poesía es "opuesta a la ciencia", ya que el propósito de la ciencia es "adquirir o comunicar la verdad", mientras que el de la poesía es comunicar "placer inmediato". Y digo 'curiosamente' porque Coleridge mismo habla de la fe poética como el "suspenso de la incredulidad", y de esa proverbial suspensión en la que se acepta la ficción como realidad germinaron estructuras conceptuales de la física moderna: las "florentinas curvaturas" del espacio, la relatividad del tiempo, los "agujeros gusano". Richard Feynman, físico tan excéntrico como profundo, pertenece a la vertiente opuesta. Para él, la ciencia nos enseña que la imaginación de la Naturaleza supera a la del hombre y en su ensayo "El valor de la ciencia" se queja de que los poetas no intentan retratar la imagen presente del Universo y los convoca a cantar los valores de la ciencia. De esa vertiente, y respondiendo a ese llamado, emergen los versos de *Cosmological Me*.

Ya en "nueva trova aunque no manifiesto", en el primer meandro del laberinto, encuentro elocuencias de la intersección, cuando Luis Correa-Díaz nos habla de los "trovadores matemáticos", y de que "$E=mc^2$ antes de ser / la belleza que es fue apenas $m=E/c^2$". El trovador acaso sea Henry Poincaré, quien en 1900, cinco años antes que Einstein, escribió "podemos considerar a la energía electromagnética como un fluido ficticio [fluide fictif]" con una masa y una energía de tal modo que $m=E/c^2$. En un giro a la Coleridge, Einstein acepta esa ficción como realidad en 1905 y propone la equivalencia real entre masa y energía y, por cierto, sigue escribiendo (antes de "ser belleza") $m=E/c^2$, incluso con una grafía previa $m=L/c^2$. Luego "en un lugar", la "periferia sin centro de un *elegant* y/o *extravagant universe*" alude al S3 Dantesco, al que, de otro modo, Borges cita en "La esfera de Pascal"; el Universo como una esfera "cuyo centro está en todas partes y su circunferencia en ninguna". En "credo lunar", la fuerza de mareas de la Tierra sobre la Luna, cuyo efecto es una oscilación que frena la rotación de la Luna y hace que nos muestre siempre la misma cara, está metaforizada en un hallazgo de precisión poética como el "producto de sus latidos internos". Y después, explícito en "gabinete de física", e implícito en "en un lugar" ("moriremos quijanescamente *en un lugar de cuyo nombre* Dios *no querrá acordarse*"), el Universo como un extravagante sueño de Dios complace la tesis de Feynman de que la imaginación de la naturaleza es más rica que la humana. En *Cosmological Me* juegan las palabras de la ciencia como piezas de un caleidoscopio, apareándose y desapareándose de su significado (si es que alguno tienen), como moléculas de un protoplasma verbal en el que se combinan el (des)amor con la noción de "self-reproducing robots" y la soledad con la de M-theory.

Si en la poesía se funden, como dice Octavio Paz, sentir y pensar, *Cosmological Me* es una mirada microscópica del metal fundido donde pensar y sentir preservan su atomismo, pero redefinen sus ubicaciones y alteran sus simetrías en el constante code-switching de una química verbal que aún no tiene su notación.

Al llegar al último poema del libro ("the end of cosmology") sentí haber explorado una nueva grieta de la geología del lenguaje. El poema me devolvió al "Eureka" de Poe, y a los límites intrínsecos de nuestra compre(he)nsión del mundo: a medida que el Universo acelera su expansión, más y más galaxias están fuera de nuestra visión y "the universe" repite elegiacamente entonces Correa-Díaz, lector también de *Scientific American*, "destroys the records of its past". Recibí además la invitación a re-escuchar "Learning to Fly" de Pink Floyd, donde el fin de la cosmología pareciera ser "a ribbon of black stretched to the point of no turning back", y ahora me quedo silenciosamente "con la oreja parada a la espera / de un verso nunca oído".

Physics and Poetry

One of the most poetic ideas I've read comes from Werner Heisenberg, the scientist regarded by many as the least poetic: "Light and matter are both single entities, and the apparent duality arises in the limitations of our language." The line is from the introduction to *The Physical Principles of Quantum Theory*, where he presents the details of a new Physics with an almost dictatorial mathematical rigor, deprived, according to widespread consensus, of all esthetic content.

Beauty, the esthetic criterion, the search for a correspondence between natural laws and a pre-established order, prior even to experimentation, is a guiding principle in many scientific advances. Claussius, Einstein, Dirac, Weyl, and De Broglie deciphered complex clues of the Universe pursuing, rather than the explanation of unexplained experiments, a horizon of symmetry and simplicity. Thus they unfolded the precise fabric of a coherent tapestry, a map of reality implicit in an intricate skein of metaphors, literary intuitions and fantastic extrapolations of reality. "You see, my son, here time turns into space" says Wagner in Parsifal. And Poe, in "Eureka, a Poem in Prose," proposes, in 1848, the solution accepted today for the so called Olbers' paradox: if the universe is of infinite extent and the stars are distributed throughout the universe, then we should see a star in any direction and the night sky should be bright.

However, it is dark. Why? "The only mode," says Poe, "we could comprehend the *voids* which our telescopes find in innumerable directions, would be by supposing the distance of the invisible background so immense that no ray from it has yet been able to reach us at all." Many years later, Ernesto Cardenal would quote him in "The Music of Spheres": "but night is dark and the universe neither infinite nor eternal."

Heisenberg's works, on the other hand, don't seem to emerge from that tradition. Steven Weinberg emphasizes this feature in *Dreams of a Final Theory*. Heisenberg does not resort to visualizations or extrapolations from prior intuitions but rather proceeds, says Weinberg, like a magician "who does not seem to be reasoning at all but who jumps over all intermediate steps to a new insight about nature."

This is why I'm fascinated by Heisenberg's allusion to a limitation of language in referring to an apparent physical duality. Poetry is precisely the exploration of the limitations of language, the insisting attempts at permutations that can prolong the reach of our intelligence, the search of micro-revelations, the intention to express the inexpressible. That might explain why, on more than one occasion, what started as an artifice of the poetic imagination eventually converged to a scientific synthesis of reality. The last circle of Dante's "Inferno" has the geometric structure of a sphere in a four dimensional space (the so called "S3" sphere), anticipating the possible curvature of our three-dimensional space. And in "The Garden of Forking Paths," Borges conceives a temporal labyrinth strikingly similar to that of the quantum "many worlds" proposed many years later by Henry Everett III.

It has been said that science and poetry serve contrary divinities: intelligence and emotions. Or, if one prefers, reality and fiction. But great poems are profound gazes on reality and great scientific advances redefine the limits of imagination, insinuating a blurry territory of intersection, a shared habitat for science and poetry. Someone against to such coexistence is, curiously, Samuel Taylor Coleridge, who, in his "Definitions of Poetry," proposes that poetry is "opposed to science" since the purpose of science is "to acquire the truth" while that of poetry is to "communicate immediate pleasure." And I say "curiously" because Coleridge himself speaks about the poetic faith as the "suspension of disbelief," and precisely from that proverbial suspension in which fiction is accepted as reality, these conceptual structures of modern physics germinated: the "florentine curvatures" of space-time, the relativity of time, and wormholes. Richard Feynman, a physicist as eccentric as he is a deep thinker, belongs to the opposite view. To him, science teaches us that the imagination of Nature overcomes that of man and, in his essay "The Value of Science" complains that poets do not try to portray the present view of the Universe, and calls them to sing the value of science. From that place, and in response to that calling, emerge the poems of *Cosmological Me.*

Already in "*nueva trova* (a non-manifesto)", in the first meander of the labyrinth, I find eloquence of the intersection, when Luis Correa-Díaz tells us about the "mathematical troubadours", and that "$E=mc^2$ was nothing more than $m=E/c^2$ / before it grew into the beauty it is now." The troubadour is maybe Henri Poincaré, who, in 1900, five years before Einstein, wrote "we could imagine the electromagnetic energy as a fictitious fluid (*fluide fictif*)" with a mass and energy such that $m=E/c^2$. In a twist *a la* Coleridge, Einstein accepted that fiction as something real in 1905, and proposed the real equivalence between mass and energy and, in fact, he still writes (before its current beauty) m=E/c^2, with a prior spelling m=L/c^2. Later, in "en un lugar," the "centerless periphery of an *elegant* and/or *extravagant universe*" alludes to the Dantesque S3 to which, somewhat differently, Borges cites in "Pascal's Sphere;" the Universe as "an infinite sphere, the center of which is everywhere, the circumference nowhere." In "lunar credo", the tidal force of the Earth on the Moon, whose effect is an oscillation that slows down the lunar rotation and makes her always show us the same face, is metaphorized in a true finding of poetic precision as "the result of her internal palpitations." And then, explicit in "phycisist's office" and implicit in "en un lugar" ("we will die, quijanescally, *in a place whose name* God *would rather not remember*") the Universe as an extravagant dream of God satisfies Feynman's thesis that Nature's imagination is richer than the human. In *Cosmological Me* the words of science play like pieces of a kaleidoscope, constantly pairing to and decoupling from their meaning (if indeed they do have one) like molecules from a verbal protoplasm that combines love with "self-reproducing robots" and loneliness with M-theory.

If poetry fuses, as stated by Octavio Paz, feelings and thoughts, *Cosmological Me* is a microscopic peeking at the melted solid where feelings and thoughts preserve their atomism, but redefine their locations and alter their symmetries in the constant code-switching of a verbal chemistry that remains notationless.

I arrived at the last poem of the book ("the end of cosmology") with a sense of having explored a new fault in the geology of language. The poem brought me back to Poe's "Eureka," and to the intrinsic limits in our understanding of the world: as the Universe expands, more and more galaxies are beyond the limits of our vision, and "the universe", elegiacally repeats Correa-Díaz -also a reader of *Scientific American*- "destroys the records of its past." I received the invitation to listen again to Pink Floyd's "Learning to Fly," where the end of cosmology seemed to be "a ribbon of black stretched to the point of no turning back", and for the moment I quietly remain "con la oreja parada a la espera / de un verso nunca oído."

Alberto G. Rojo
Department of Physics
Oakland University
http://www.albertorojo.com
http://personalwebs.oakland.edu/~rojo

Exchanging signals with the planet Mars...
is a task worthy of a lyric poet / Mandelstam

los que saben dicen sin pelos en la lengua
que un científico no debe *fall in love*
-suena a Kama Sutra negativo, pero no-
with his/her own or, for that matter,
someone else's theory, no importa
cuán maravillosa o *accurate* parezca...
hay que estar siempre dispuestos
a hacer los ajustes necesarios, y si no
me creen ahí tienen el mejor ejemplo
del siglo pasado y de todos los idos
y los por venir: $E=mc^2$ antes de ser
la belleza que es fue apenas $m=E/c^2$
... si los trovadores matemáticos,
así los poetas..., y que me perdonen
que me meta en sus cosas, nuestras
también, por si acaso, pero no estaría
demás que lo pensaran un poco, tal
vez y para empezar por lo urgente:
let´s pose some real challenges
to the poetic voice as we know it...
el primero, por qué no, *the deep sky,*
el universo que me [nos] *atraviesa*
como un túnel

nueva trova (a non-manifesto)

those in the know say, in no uncertain terms,
that a scientist should never *fall in love*
-it sounds like negative Kama Sutra, but no-,
with his/her own, or for that matter,
someone else's, theory, regardless of how
marvelous or *accurate* it may seem...
one must always be willing to make
the necessary adjustments, and if you don't
believe me, here is the greatest example
of all past, present, and future centuries:
$E=mc^2$ was nothing more than $m=E/c^2$
before it grew into the beauty it is now
... what goes for the mathematical
troubadours goes for the poets too... i
hope they will forgive me for meddling in
their affairs, which happen to be ours, as well,
but it might suit them to consider these issues,
beginning, perhaps, with the most urgent:
let's pose some real challenges
to the poetic voice as we know it...
the first of these, and why not, *the deep sky,*
the universe that runs through me [us]
like a tunnel

de cosmógrafo, declar/mo sin temer el escarnio,
tengo lo que de poeta, pero no por saberlo
a ciencia cierta le he quitado la mirada
a lo que pasa arriba -alucinado contemplar
éste, igual el sentir que cuando feliz dejo
los ojos demorarse en la inmensidad
de unas entrepiernas-, ni me han faltado
manos para tratar de redondear esta obra
en miniatura, podándole los peores versos,
como hace el impávido jardinero japonés
con su *bonkei,* cuyo arte de delicadezas
nos resume el planeta en lo que tiene
de esa vieja y nunca oída del todo música
de las esferas, al menos por mí que la sé
por otros, del mismo modo que este oficio

declar/mation with *bonkei*

i am as much a cosmographer -and i declar/me this
without fear of mockery- as i am a poet, but
knowing this to be somehow true and false has not
stopped me from gazing up at what passes above
-a sense of wonder, not unlike the feeling
of happily letting my eyes fall into the
hidden universe between a pair of legs- nor
has it diminished my resolve to shape this work
in miniature, pruning its least felicitous verses,
just as the impavid Japanese gardener does
with his *bonkei*, whose delicate art
encapsulates a planet in its likeness to the
ancient and still unheard, at least by me,
music of the spheres, which i know only
through others, just like the craft of poetry

credo lunar

yo me sumo a la idea de que el corazón
de la luna esté caliente (de que ella *may*
harbor a core or zone of melted rock),
creo, total creer no cuesta nada a nadie,
en el *lunar love number* -suena bonito,
ciencia y poesía hermanadas otra vez,
a ver si así nuestra inteligencia vuelve
a pensar amorosamente- y, por lo mismo,
en que las perturbaciones de su órbita
son producto de sus latidos internos,
igual que cualquier signo facial
de los nuestros tiene su razón de ser
en la hoguera que adentro nos consume

lunar credo

i subscribe to the theory that the heart
of the moon is hot (that she *may*
harbor a core or zone of melted rock),
i believe (believing doesn't cost a thing)
in the *lunar love number* -how appealing,
science and poetry joined once more;
now let's see if our intelligentsia returns
to thinking in amorous terms- and, for
that matter, that the disruptions in her orbit
are the result of her internal palpitations,
just as any one of our facial expressions
draws its reason for being from
the fire that consumes us from within

a los físicos del día les parece que habitamos
en la periferia sin centro de un *elegant* y/o
extravagant universe, sólo que yo agregaría
-y a riesgo de pasar por anacrónico perdido
o ultra cervantista- que mucho mejor errante,
como aquel nuestro caballero, y que nosotros
moriremos quijanescamente *en un lugar*
de cuyo nombre Dios *no querrá acordarse*
mientras que él, aunque se le vaya enfriando
aceleradamente el corazón, seguirá andante
y todo para mayor gloria de su Dulcinea
y para mostrarnos que era mentira nuestra
su terrible, artero y tan sin razón encanto

physicists today seem to believe that we live
at the centerless periphery of an *elegant* and/or
extravagant universe; i would just like to add
-at the risk of sounding lost in anachronism
or ultra-Cervantine- that it is far better
to be errant, like that knight of ours, and that
we all will die, quijanescally, *in a place*
whose name God *would rather not remember,*
while he, though his heart may cool at an
accelerated rate, will continue on his quest,
all for the greater glory of his Dulcinea
and to show us that her terrible, cunning,
and irrational appeal was a lie of our own creation

aquí me tienen, calladito y todo, cazador
secreto, abierto el pecho a la noche
del Mundo, detrás de las *Supernovas,*
como antes lo estuve de las bellezas
de mi misma composición atómica,
arquero insomne -reconozco la cuna
y lo obsoleto de éste y de ese otro
epíteto sideral que, tan sin vergüenza,
me otorgo, como si en lo que expreso
hubiera las ganas de una perdida magia-,
en el Tololo quiero que me entierren,
ya, pronto, vamos, lo antes posible

here you have me, hushed and all, a secret
hunter, chest open to the night
of the World, chasing *Supernovas,*
as once i chased the beauties
of my own anatomic composition,
sleepless archer -i recognize the fount
and the obsolescence of this and the other
sidereal epithets that i, utterly shameless,
accord myself, as though these expressions
contained the ashes of a lost magic,
i want to be buried at Tololo,
now, come on, the sooner the better

es que es lo mismo que decir muy poco,
casi nada, en mi humilde concepto, darse
de lleno a ese viejo *art of writing small,*
tan brevemente que por cierta misteriosa
razón se estampen de un plumazo algunas
macroverdades, todo lo cual no equivale
a pensar en el poema como una simple
experiencia quántica y listo, al contrario,
se trata(rá) -y de acuerdo a los riesgos
que el argonauta◆lector quiera tomar-
de una cósmica, pero al revés, a escala
de nanosentido, donde se reconozca
que no puede haber uno más pequeño
y se oiga el grito feliz del poeta: *plenty
of room,* todavía, para resemantizarnos,
que esto después haga su verano y pase
(futuro tecno de todas las ciencias dicen)
a la industria del verso, humano sino

it is more or less the same as saying very little,
almost nothing, in my humble undertanding, this
giving oneself over to the ancient *art of writing
small,* so compact that for some mysterious
reason one stroke of the pen inscribes multiple
macrotruths; none of this means that one
should think of a poem as a straightforward
quantic experience and nothing more, on the
contrary, it is (will be) -depending on the risks
the argonaut◆reader is willing to assume–
a cosmic one, but in reverse, of the order
of nanomeaning, in which one realizes
that there can be no smaller sense
and one hears the alleluia of the poet: *plenty
of room,* still, to resemanticize ourselves,
such that this, too, will have its moment and cede
(the techno-future of the sciences, they say)
to the industry of verse: human nature

ya lo vienen explicando los entendidos
(v. gr.: Clark y Warwick), somos eso:
natural-born cyborgs desde siempre,
nadie se escapa(rá) de esta condición,
medio carne medio lo que sea: metal,
plástico, prótesis electrónicas, etcétera;
pero yo -y no por querer distinguirme
por el *lado* más *oscuro* de esta historia
nuestra ni menos emular al triste héroe
de la película de Subiela o pretenderse
la Sor Juana de Bemberg- soy el *peor*
de todos, por esta razón pura y simple:
me he vuelto y antes más *post-human*
que cualquiera de ustedes, por corazón
tengo un *robotic eye,* con minusculísima
cámara de video incluída, puesto su láser
en una *bar-coded topless dancer,* de ésas
del *Transmetropolitan* de Ellis, femme
fatale, no lo niego, pero que aún no nace,
digamos que todavía no ha sido diseñada
por algún mago de la biotecnología -no
me sería suficiente una versión virtual,
me conozco, la quiero en la pantalla grande
de la realidad a secas-, y que para empeorar
o, si se lo piensa bien, para darle suspenso
al cuento, la tal media naranja de mi vida
guarda en uno de sus besos fríos el *chip*
exacto que me haría funcionar al 100%,
aunque haya de pagarlo en el respectivo
círculo dantesco, Beatrice también baila
y canta mil y una vez, pero como si nunca
dejara de improvisarla, esa frase aguerrida
de Haraway: *i would rather be a cyborg*
than a goddess

the experts (i.e. Clark and Warwick)
have already explained it: we are,
and have always been, *natural-born cyborgs,*
no one can (will) escape from this condition,
half flesh, half what-have-you: metal,
plastic, electronic prosthesis, etcetera;
but i -and this is not an attempt to align
myself with *the dark*(er) *side* of this history
of ours, or to emulate the melancholy hero
of Subiela's film or to provide the male
counterpart of Bemberg's Sor Juana- am
the worst of all of them, for this simple reason:
i am, and have been, more *post-human*
than any of you: for a heart i have
a *robotic eye,* complete with miniscule
video camera laser trained on a
bar-coded topless dancer straight out of
Ellis' *Transmetropolitan,* a femme
fatale, i don't deny it, still unborn,
that is, she hasn't yet been designed
by some wizard of biotechnology -but i
will not be satisfied by the virtual version,
i know this about myself, i want her
on the big screen of real life- and, to make
matters worse, or, on second thought, to lend
an air of suspense to the story, this better half
of mine holds, in just one of her icy kisses, the
chip that would make me work at 100%
capacity, though i would pay for it dearly in the
corresponding Dantean circle; Beatrice dances, too,
and sings -over and over again, but as though
it were always her first time- Haraway's
famous battle-cry: *i would rather be a cyborg*
than a goddess

micro *black hole* tranfigurado

parado, sentado, acostado -no sé
cómo, pero vivo o, mejor dicho,
muero en algún rincón oscuro,
aunque tengamos allá arriba
nuestro sol-, *todo lo veo yéndose,*
igual que lo viera el poeta Julio
Barrenechea en uno de esos micro
black holes existenciales que son,
a no dudarlo, muchas de sus estrofas,
el que aquí, y por si este *diario*
escribir mío sintiérase huérfano,
consecuente con su transfigurar,
pongo en cosmológico registro

micro *black hole,* transfigured

standing, seated, reclining -i don't know
how, but i live, or, more accurately,
die in some dark corner, although
that sun of ours is right up there–
i see it all expanding, just like
the poet Julio Barrenechea would,
in one of those existential micro
black holes that resemble, without
a doubt, many of his stanzas,
which i, just in case this *daily* writing
of mine were to feel orphaned,
consequent to its transfiguration,
rewrite in a cosmological register

fijos los ojos y quieto el respirar, buscando
la atractiva/repulsiva silueta, así el amor,
de la constelación de Cáncer, me distraigo
y me digo sin ningún asomo de dolorido
malestar que la muerte que me escolta
en silencio y que un día, del cual ya tengo
el pálpito, se mostrará como una hortensia
triunfal, debería darme las gracias porque
por que vivo ella existe; pero -continúo
tentado por esta meditación, que en veces
se me hace algo maldita-, mi vida debiera
agradecer, lo mismo, este morir, lo noto
y no me corro, suena un poco borgeano,
ciertamente, el don de liberarse por fin
de uno y de todo, *gratia plena,* hermana,
por la paz y esta oportunidad irrepetible
de no ser más nadie ni nada y poder
pasar sereno a cenizas, a este *cosmic dust,*
que, *enamorado* no obstante, flota y luce
en las regiones interestelares y que también
se halla, a manos llenas, en nuestros pobres
campos santos de aquí abajo -nébulas por mí
amadas, si se me permite un último coqueteo
poético, pues tal vez todo esto no sea sino
el *sueño* consolador *de una noche de verano*
en algún rincón del sur del *blue planet*

repitan entonces ahora conmigo:

benedictus sanctus Ioseph,
eius castissimus sponsus

ora pro nobis, ora pro nobis

eyes fixed and breathing stilled, searching
for that attractive/repulsive silhouette -such is
love, of the Cancer constellation- i distract myself
by noting, without the slightest sense of
affront, that the death that silently walks beside
me and that will, one day, a day i can already
foretell, show itself, blossoming like a triumphant
hydrangea, ought to thank me, since she
exists only because i do; but -i continue,
tempted by this thought, which from time to
time goes sour on me -i should likewise
be grateful to this dying; i embrace this
observation, which sounds a bit Borgesian,
i know, this desire to finally be liberated
from it all, *gratia plena,* sister death,
for this peace and this singular chance
to no longer be anyone or anything and to
quietly turn to ashes, to the *cosmic dust* that,
enamored, floats and shimmers in interstellar space
and is also found, in abundance, in our meager,
burial grounds below: solitary nebulas i have
loved, if you'll permit me one last gesture
of poetic coquetry, since perhaps all this is but
the consolatory dream *of a midsummer's night*
in some southern corner of the *blue planet*

then repeat with me now:

benedictus sanctus Ioseph,
eius castissimus sponsus

ora pro nobis, ora pro nobis

frase ésta que podría equivocadamente
interpretarse -incluso por el que habla
aquí, si tal no fuera ya una fórmula-,
como que me abandonaría temerario
al *impulse to disclose something*
obscure about my 'self'; pero, y para
desengaño (uno más, se replicará no
sin razón) del espectador, travestismo
o, dicho a la antigua (menos carnaval
en el concepto, católica y siniestra
desnudez, en cambio), confesión
no hay, por el contrario, *en el papel*
la frente refleja, quieta, no mis palabras
sino que esa *arquitectura encendida*
y cantante, en la cual yo soy apenas,
desentonando, el puro deseo de no ser
nadie, bendito así con *polen de plata*

this title could easily be misinterpreted
-even by this humble speaker of yours,
were it not already a convention–
to suggest i would recklessly succumb
to the *impulse to disclose something*
obscure about my 'self'; but, as a
diversionary tactic (another, you might
rightly say), transvestism or, in
old-fashioned terms (replacing the
carnivalesque with a catholic, sinister
bareness), confession is nowhere
to be found, on the contrary, *en el*
papel la frente refleja, quieta, not my
words, but that *arquitectura encendida*
y cantante within which i, singing
off key, embody the purest desire to be
no one, anointed with *polvo de plata*

pues que ya se sabe que la vuelta atrás
-al *uterus* del Big Bang- es un simple error
de cálculo en la hilvanadura en esa *historia*
del tiempo que nos abreviara nuestro bien
amado Hawking -la versión cosmo-épica,
si se me disculpa el arrebato aquí,
de la vieja esperanza de regresar
al Paraíso perdido-; que en verdad
todo se va distanciando de todo,
como nosotros que hemos *come*
apart definitively, hasta el silencio
más oscuro, por eso yo en este trance
me dispongo, con toda la serenidad
posible para el caso -que no es mucha
hoy, lo admito-, a tu olvido ...
... será todavía, aunque no lo parezca
ya, la forma que juntos elegimos
para que continuase, por algunos siglos
más, aquel dulce amor de un buen día
this once explosive/steady love of ours

now that we know the movement
backwards -into the *uterus* of the
Big Bang- to be a simple error
in the *history of time*, as stated
by our beloved Hawking -the
cosmic-epic version, if you will
permit me the digression,
of the age-old desire to reclaim
a lost Paradise-; and that, in fact,
everything is spreading outwards,
just like us, who have *come*
apart definitively, toward the
darkest silence, and so, in a trance,
i prepare myself, as calmly as can
be expected -which isn't saying
much, i admit- to forget you...
... this is, though it might not seem
so at first, the way we will be able, for
a few centuries more, to allow
that sweet, bygone love to live on,
this once explosive/steady love of ours

mientras me preparo -o sea, busco algo
de inusada inspiración- para la escritura
del poemario de mi vida, *Siervo libre
de amor*, cuyo bellísimo y justo título
se lo debo a un raro trovador gallego
de la estirpe de Macías; en tanto, reitero,
me lamo las feas heridas que me dejó
el aerolito, levanto la cabeza de vez
en cuando para darle una miradita loca
a las armonías de las *cosmic strings*...
y, por si acaso no me vinieran pronto
los versos que espero, seriamente
y con delectación futurista contemplo
la posibilidad de lanzarme al espacio
por mi propia cuenta y riesgo, total
la gravedad podría vencerse en un acto
poético como éste, digo yo, ¿no? e *in so
doing* le musitaré a *mi alma desertora*
-con letra y música exacta de Los Tres,
Café Tacuba video performance mediante-
se abre la tierra, el cielo está a mis pies

mi alma desertora in free-fall

as i prepare myself -that is, while i search
for some original inspiration- to compose
the book of poetry of my life, *Siervo libre*
de amor, the beautiful and apt title of which
i owe to a singular Galician troubadour,
a descendant of Macías; this being, I repeat,
i lick the wounds left on me by the
aerolith, lifting my head from time
to time to cast a passing glance
at the harmony of the *cosmic strings...*
and if, by chance, the lines i await
do not come soon, i am earnestly,
and with futuristic delight, contemplating
the possibility of launching myself
into space, at my own expense and risk
-gravity could be conquered by such a
poetic act, wouldn't you say? - and *in so*
doing, i would whisper to my *alma desertora*
-with music and lyrics by Los Tres,
in a Café Tacuba *video performance*-
se abre la tierra, el cielo está a mis pies

no es que este servidor aquí sea -ni pretenda,
claro- uno de los *keen-eyed observers,* o algo
por el estilo, pero he visto lo mío del hombre
y sus hijos y la verdad, les digo, sin sermón
desde ninguna bienaventurada montaña -vivo
una *vida* muy *retirada* que me cuadra bastante
y, cada cual a lo que vino al mundo, no podría
multiplicarle nada a nadie, aunque, confesión
de por medio, a veces he tratado de repetir
el truco, pero nulo éxito, se comprende-, eso
por lo que seremos dignos de haber existido
ante Dios no tiene que ver -y he ahí el chiste
del asunto- tanto con las figuraciones empíreas
de la teología sino con las de la cosmología,
incluso si fuera cierto que las actuales leyes
físicas quedaran *bye* acercándonos al instante
mismo de la creación o, más aún, que la teoría
del *self-reproducing, inflationary universe*
nos pintara, persuasivamente, un escenario
sorprendente, con un *cosmic tree* creciendo
exponentially in time, sin fin, y que por tal
la *old big bang idea* se redujera a un bello
pero obsolescente *working imago mundi* y
sólo nuestro -todavía necesitados de padre
y madre para todo-; por mientras, hermanos
huérfanos, y hasta entonces, sigamos felices
a bordo de esta nave, que no cunda el pánico,
la cuestión es ésta: tener el *corazón limpio*
porque sí y no por si acaso, ... telescópico

it's not that your humble servant here is
-or claims to be- one of those *keen-eyed
observers*, or anything of the sort, but i have seen
my share of the generations of man, and let me tell
you the truth, without sermonizing from any mount
-i live a *secluded life* that suits me very well,
as every man is born to his own purpose, i found
i could not turn water to wine, although (inserted
confession) i have tried, without success, to repeat
the trick, if you know what i mean-, that what
makes us worthy of having existed before God
has less to do -and here is the funny part- with
the empirical formula of theology than it does
with those of cosmology, even if the current laws
of physics were to find themselves *bye*, when
much closer to the moment of creation,
or better still, if the theory of the *self-reproducing,
inflationary universe* were to convincingly
paint a surprising landscape, with a *cosmic tree*
growing *exponentially in time*, infinitely,
reducing the *old big bang idea* to a lovely but
obsolete *working imago mundi* of our own creation
-as we still crave a father and mother in all things;
meanwhile, brother orphans, and until that moment,
please let us remain happy aboard this ship, so as
not to spread panic- the issue is this: to have a *pure
heart* just because, and not just in case, ... telescopic

decía en otro de estos poemas -engañosamente
subtitulados cosmológicos- que no es que sea
yo un *keen-eyed observer*, ni muchísimo menos
un *physicist* teórico de lo pequeño, pero les juro
que sí he visto esas *monopole particles* -sólo
que no me pregunten cómo, ya lo sabemos,
se cuenta el milagro, no el santito- danzando,
y buscándose con desesperación cuando una
se pierde por ahí o se cae a uno de esos pozos
negros para no volver nunca jamás, conclúyase
del fenómeno lo mismo que pensé, si quiere
el/la que estuviere leyendo esto -la esperanza
no se me quita-, que hasta el más microscópico
de los mundos posibles está lleno de imposibles
o, como lo pondría un buen poeta, amigo mío,
de *nuestros clásicos accidentes amorosos*...
ahora bien, si me lo preguntan de nuevo, qué
remedio me queda, la sinceridad del televidente
obliga: mi experiencia fue doblemente virtual:
a) uno de los tantos documentales científicos,
for the general public, que me he devorado,
donde un fragilísimo hombre de voz metálica
explicaba esta singularidad espacial tan común;
luego, y no sé cuántos días después, b) un sueño
del cual todavía no me recupero -la pantalla
como símil continúa, obvio-, en el que aquéllas,
las partículas, en ronda caótica, como chispas
fatuas, se consumían en un orgasmo solitario
y mortal, con música de fondo: un dulcificado
llanto, una especie de *mourning* de *jovencitas*
que se regocijan antes de desaparecer también
ellas, en el que estoy seguro haber distinguido,
aunque no me lo crea del todo hoy, algunos
versos del *Cantar de los cantares*

young ladies in *mourning*

i said in another of these poems -deceptively
labeled 'cosmological'- that i am not a
keen-eyed observer, much less a
theoretical *physicist* of the miniscule, but
i do swear that I have seen those so-called
monopole particles -don't ask me how,
we all know that it's the miracle and not
the saint that is recounted- dancing,
searching desperately when one of them
loses its way or falls into a black hole,
never to return; you've probably come to
the same conclusion i did, dear reader -one can
always hope-, that even the most microscopic
of all possible worlds is full of impossible
encounters, or as a poet friend of mine once put it,
those *classical amorous accidents* of ours...
now that you ask me again, what choice
do i have -the viewer's standards compel me:
my experience was doubly virtual: a) in one of
the many scientific documents *for the general*
public that i've devoured, a fragile but
metallic-voice man explains this common
spatial singularity; some days later, i don't know
how many, b) a dream i have not yet recovered
from -the metaphor of the screen, predictably,
lives on-, in which those same particles,
gyrating wildly like fatuous sparks, expend
themselves in a solitary and mortal orgasm,
set to the following background music: a
tender wailing, some sort of *young ladies'*
mourning that they indulge in before they,
too, disappear, and in which i am sure i made
out, although i still don't fully believe it,
a few verses of the *Song of Songs*

a veces pienso, sin ninguna razón
visible, que el porqué no te encuentro
en este planeta, en este hemisferio,
en este país imperial, en esta pequeña
ciudad lejanamente griega (enseño
las bellas letras del sur), al otro lado
de la calle para cruzar y hablarte
y decirte que te amo y que me amas,
es simplemente porque vives
en otra tierra que queda a millones
de años luz de mi ventana abierta,
donde de nuestra imponente soledad
espero olvidado, pero 99.9% cierto
de que no llegaré, por una cuestión
de naciencia anticipada, a ese día
cuando -no por predecible menos
dulce eureka- *stars will not be just*
points of light, y tú, *my beloved*
alien, transnochada y radiantísima
de interestelar *amor correspondido,*
no sólo *will answer some of our*
most compelling questions
about the Universe -sin tener
que ser diosa-, *but also* (y esto
es una coquetería inofensiva)
habrás justificado con largueza
si no al poeta, a éste tu poema

sometimes i think, without any
visible evidence, that the reason
i haven't yet found you on this planet,
in this hemisphere, this imperial nation,
this small, distantly Greek city (i teach
Southern *belles lettres*), on the far
side of the street, close enough that
i could cross and tell you that
i love you, and that you love me,
is simply because you live in another
land, millions of light years from the
open window where i wait, forgotten,
in imposing solitude, 99.9% certain
that i will never see, for reasons of
premature birth, the day when
-an epiphany no less sweet for its
inevitability- *stars will not be just*
points of light, and you, *my beloved*
alien, sleepless and radiant from an
interstellar *love affair*, will not only
answer some of our most compelling
questions about the Universe
-without needing to be a goddess-
to do so, but you will also (and
this is a harmless bit of coquetry)
generously have justified, if not the
poet, then at least this, your poem

es por eso, porque mi corazón navega,
polizón, a bordo del *Cassini spacecraft*,
que mi mirada podrá parecer(les) ausente
a las cosas tan nuestras de este mundo
que nada más ellas nos llenan el alma,
ciegos nacemos y morimos a los cielos,
salvo lo que en nosotros nos espera

no, no es que ande de místico, *the precise*
nature of my rapto *is self-explanatory*
aquí, desde hace siete años a esta parte
todo lo he puesto en llegar lejos a mí

y ahora que el bajel alado ya ha llegado
a su destino y que nos revelara algunos
secretillos de Saturno y sus argollas
y sus lunas, oigo que de allá me digo:
ah: *el perenne amoroso encendimiento,*
en tanto dejo que la primordial *Phoebe*
sea, por fin y algo novelesco, mi tierra,
al menos por lo que dure, más no pido,
este *celestial tour* a las antípodas

this is why -because my heart travels,
a stowaway, aboard the *Cassini spacecraft*-
my gaze might appear disengaged (to you)
from the things of this world so deeply
ours that they alone fill our souls,
we are born and we die blind to the heavens,
all but the part that waits for us up there

no, i've not turned to mysticism, *the precise*
nature of my rapture *is self-explanatory*
here, seven years in arriving,
everything i've given to go far from myself

and now that this winged vessel has reached
its destination and revealed to us the
exquisite secrets of Saturn and its rings
and its moons, i hear myself say, in the distance:
ah: *the perennial flame of love,*
so at last i choose, in a novelistic gesture,
the primordial *Phoebe* for my home,
for the duration, and this is all i ask,
of this *celestial tour* to the antipodes

...
the day with no yesterday,
the day with no tomorrow
-agrego para empare/j/d/ar-,
aquí estamos, somnolientos
e insomnes, entre estas dos
paredes de nuestro *gabinete*
de física, soñando a saber
si el sueño de Dios, su *opus*
reticulatum, tiene una sonora
economía clásica, o sea que sí,
que *marcha como debiera;*
o más bien -y habrá muchos
que lo sentirán como terrible
disappointment personal- una
barroquísima consagración
al *polvo,* la *sombra,* la *nada;*
en eso entretenemos el ocio
culpógeno de *ser para...*

...
the day with no yesterday,
the day with no tomorrow
-added to square/pair off-
here we are, somnolent
insomniacs, between these
two walls of our *physicist's*
office, dreaming of knowing
if God's dream, His *opus*
reticulatum, has in it a bit of
classical economy, and if so,
then *it's working as it should*;
or rather -and there are many
who would feel this as a terrible
personal *disappointment-* an
utterly baroque devotion to
dust, to *shadow,* to *nothing,*
through which we indulge in the
guilty pleasure of *being-toward...*

aquí me tienen, solo de amores y amigos,
lejos de padre, madre y hermano, parvo,
en esta celda de monje ya sin cruz
que yo mismo me he reservado,
donde paso en silencio ferviente
mis frecuentes *sciencefictional moments,*
ni tan diferentes a los de cualquier
amante de música de la onda que sea,
recién cayendo en la cuenta de que soy
algo así como un astrobiólogo *amateur*
-si hasta un poema había escrito
en esta línea, *trying to signaling her*
for her to signal me, un epitalámico
atrevimiento imposible *in my lifetime*-
porque aquí me tienen, entonces y ha
rato, con la oreja parada a la espera
de un verso nunca oído, plenamente
suscribiendo aquello que con modulada
pasión recalca la Directora del SETI
Institute (tal vez en la voz de Jodie Foster):
absence of evidence is not evidence
of absence, cuatro o muchas más décadas
de falsas alarmas no mellan el tímpano

amateur astrobiologist

here you have me, without friends or lovers,
far from father, mother and brother, slight
of body, in the monk's cell (stripped of its
cross) that i have reserved for myself,
where i pass, in fervent silence,
my frequent *sciencefictional moments,*
not unlike those experienced by any
great connoisseur of music,
realizing, of late, that i am something
of an *amateur* astrobiologist
-i've even written a poem according to
this premise, *trying to signaling her*
for her to signal me, a daring
epithalamion impossible *in my lifetime*-
because here you have me, now and for
some time already, ears perked in anticipation
of a verse yet unheard, unreservedly
subscribing to the idea, expressed with
modulated passion by the Director of the SETI
Institute (perhaps in the voice of Jodie Foster):
absence of evidence is not evidence
of absence, after four (or many more) decades
of false alarms my ears are still at the ready

en descargo propio y como sincera
disculpa a mis grandes amores,
de los cuales he huido parecería
por fuerza forzosa del destino,
escapadas aleves que, lógicamente,
no merecen ni esperan el perdón,
tal vez y ojalá así sea la muy sana
venganza del olvido; pero antes
de que éste llegue con sus óleos
santos a dar vuelta las páginas,
debo decirles que la susodicha
reacción de fuga cada vez fue
sólo por mantenerme a flote, *yes,*
survival and well-being, o sea,
ni más ni menos que un mandato
biológico, el de ese *homeostatic*
principle, que ahora sí nombrar
como tal puedo, *beyond* culpa,
después, claro, de haberme leído,
con fruición y aprovechamiento,
el esclarecedor tomo *Looking*
for Spinoza de Antonio Damasio;
todo esto -*the biology of emotions,*
feelings, mind, sin hablar ya más
de esa entelequia poética llamada
corazón, y el *conatus* cerebral
de lo vivo (enamorado, para peor)
in the theater of our bodies-,
lo he entendido, se ve, harto tarde,
como es la tristísima costumbre
en estas historias de separaciones,
de estos pequeños cataclismos,
sea quien sea haya tomado primero
la batuta y ejecutado el adiós

in my own defense, and as a sincere
apology to the great loves of my life
from which i have fled, it would seem,
propelled by the force of destiny,
treacherous withdrawals that, logically,
neither deserve nor expect pardon,
maybe, hopefully, the healthy
revenge of forgetting; but before
it arrives, with its sacred balms
to turn yet another page, i should
tell you that the aforementioned
flight response was only ever meant
to keep me afloat, *yes, survival*
and well-being, or what have you,
no more, no less than a biological
command, that of the *homeostatic*
principle, which i am now able to name,
beyond guilt, after, of course, having
read, with fascination and delight,
Antonio Damasio's enlightening tome,
Looking for Spinoza; all this *-the*
biology of emotions, feelings, mind, and
don't get me started on that poetic entelechy
known as the heart, and the cerebral *conatus*
of the living (loving, to make matters
worse) organism *in the theater of our*
bodies- i understand it now, too late,
as is sadly the case in many of these
separations, these minor cataclysms,
regardless of who takes the reins
and initiates the ceremony of goodbye

ahora resulta que esa palabra entera
-*Universe*- que nos quedaba por todo
consuelo de nuestras locas creencias
y de ese endiosamiento tan nuestro,
no sería sino *just an episode, one*
facet, of the infinite multiverse,
como quien dice, y no se pasma
en el decir, porque le gusta la idea,
este *hospitable cosmic habitat*
en el que [por suerte] vivimos
podría -y no deja de mostrar recursos
poéticos el astrofísico que me sirve
de *pillow book* para la redacción
de mi breve informe de lectura-
ser simplemente una *metagalaxy*...
...siendo tal el estado de la cuestión
hasta ayer (por la) tarde no más,
pues se piensa que *some day we*
may have grounds either for belief
or disbelief in other universes,
mejor es que nos alegremos así
(que las *razones para la tristitia*
del pensamiento son, posiblemente
y por lo menos, *10,* según Steiner):
omnia mutantur, nos et mutantur
in illis, y no queramos volver, no,
por el camino por el que vinimos,
que tampoco podríamos hacerlo
aunque ya mucho lo soñáramos

it now seems that the -*Universe*-,
a notion that has served as the final
consolation for our nonsensical beliefs
and our penchant for deification,
might be nothing more than *an
episode, one facet, of the infinite
multiverse*, anyone might say -without
hesitation because it is an elegant idea-
that this *hospitable cosmic habitat*
in which we [thankfully] live
could -the volume on astrophysics
that has served as my *pillow book*
during the composition of this report
continues to provide me with endless
poetic material- be but a *metagalaxy*...
...at least, that was the issue
yesterday (in the) afternoon, which
leads us to think that *some day we
may have grounds either for belief
or disbelief in other universes*, better
still, to content ourselves with this
(b/c the *reasons for the tristitia
of thought* are, possibly and at least,
ten, according to Steiner's account):
*omnia mutantur, nos et mutantur
in illis*, and not wish to return, no,
by the road on which we came,
we could never do so, anyway,
no matter how much we have desired it

me fui enamorando de una estrella
tras otra y ahora que las contemplo
a todas juntas desde el observatorio
de mi empírica y muy encumbrada
soledad, las veo ya cual siempre
fueron, antes, mientras y después
de mí, vagabundas..., tan solitarias
como yo y cada uno de nosotros,
que nadie hay que no esté a solas
consigo solo -frase ésta que era
una especie de *divine wow,* hoy
no pasa de ontología de bolsillo-,
entonces me perdono el abandono
de mis *runaway brides* y mejor
empiezo a estudiar los principios
básicos de esta *scienza nuova,*
la de los *self-reproducing robots*

i fell in love with one star after
another; now, viewing them *en
masse* from the observatory of
my empirical and elevated solitude,
i see them as they have always
been, before, during, and after
me, vagabonds..., just as solitary
as i am, as each one of us is, there is
not one among us who is not alone,
when alone with him/herself -a notion
that was once a sort of *divine wow,*
but today barely passes for pocket-
ontology; so i forgive myself the
abandonment of my *runaway brides*
and turn my attention to the study of
the basic principles of this *scienza
nuova* of *self-reproducing robots*

unified theory -if at all possible

así como los científicos se afanan
hoy (ayer también y siempre)
buscando esa *unified theory*
que nos venga a explicar/dibujar
el comportamiento tan suyo
del Universo, así me descalabro
yo por encontrar la que me diga
de una vez por todas por qué
soy como soy, con detalle perverso

unified theory - if at all possible

just as scientists today (yesterday,
too, and always) struggle to find
that *unified theory* to explain/trace
the singular behavior of the
Universe, i, too, rack my brain
in search of something that could
tell me once and for all why
i am as i am, in perverse detail

tal vez no sea que ella esté de mí a un descabellado
number of light-years, musitando idéntico bolero
en una galaxia cada vez más remotísima -como
escribiera antes, algo desesperanzado-, puede que
sólo viva *just above,* en uno de esos *parallel worlds*
de que tanto se habla, curiosidad teórica que incluso
ha venido a resultar muy anterior al propio Einstein
y a sus florentinas curvaturas, ... *hovering,* invisible
aún, en un universo que tendría (para que este cuento
fantástico cuadre, *in a sort of a wishful by-product
of M-theory*) por lo menos una dimensión
más de las que hay en el que habito, entonces ella
sería un *hyperbeing* -o, como se decía ayer no más,
un ángel, un fravashi d'amore, *floating on a nearby
brane,* en una esfera gemela que por *some cosmic
reason has not* [yet] *collided* con ésta, *allowing
this angel to fall into* my *world,* en mis brazos- y
bendita la *gravity* que nos permitiera protagonizar
tan colosal accidente y ser los primeros amantes
interespaciales de verdad de la historia -claro, si no
contamos con que ya los babilonios habían avanzado
un poco en esto, ... pero aquí sin león ni tragedia
al final- y, pues, como anota certero Michio Kaku:
*it would be impossible to keep secrets away from
a hyperbeing* -de allí también su antigua condición
divina, supernatural, aérea, de musa ..., equívocos
o, mejor, ciencia fabulosa-, no callo las ternezas
que le diré al oído ni me demoro más en declarar
que lo mío ha sido por siglos un solo empeño:
to (re)unite you and me in a single elegant poem
-que no quiero quedar *sombra hecho de* mí *mismo*

to my beloved *hyperbeing*

perhaps she isn't some absurd *number of light-years*
away, quietly singing the same bolero in a galaxy
that grows more distant by the minute –as
i wrote before, somewhat despairingly, maybe she
is living *just above*, in one of those *parallel worlds*
they're always talking about, theoretical oddities that,
it turns out, predate the likes of Einstein and his
Florentine curvatures ... *hovering*, still invisible, in an
universe with (in an attempt to lend some substance
to this fantastic tale, *in a sort of wishful by-product*
of M-theory) at least one dimension more than
the one i inhabit, making her a *hyperbeing* –or,
as they used to say only yesterday, an angel,
a fravashi d'amore, *floating on a nearby brane*, on
an identical sphere that for *some cosmic reason*
has not [yet] *collided* with this one, *allowing*
this angel to fall into my world, into my arms– and
blessed be the *gravity* that enables us to be the
protagonists of such a colossal event, as the first
truly interspatial lovers in all history –ignoring,
of course, the advances made by the Babylonians
in this arena... but in this case there would be no
lion, and no tragic ending–, furthermore, as
Michio Kaku astutely observes: *it would be impossible*
to keep secrets away from a hyperbeing –hence
the age-old monikers deity, supernatural, or aerial
being, muse..., inaccurate, or rather, mythical science–
i won't silence the sweet nothings intended for her ear,
or hesitate one moment more in telling her
that, for centuries, i have had but one solitary purpose:
to (re)unite you and me in a single elegant poem
–i don't want to end up a *shadow* of *myself*

teleportation prayer and counting down...

10 beam me up
9 transport me
8 leap me up
7 unplug me
6 transfer me
5 send me to the other end
4 turn me into data and read me
3 scan me molecule by molecule
down to the last atom
2 quantum me
1 or at least: *fly me to the moon*

...

que yo me las arreglo de ahí en adelante
con los demás jumps de este *spooky entanglement*

... out in the blue ...
... the stars my destination ...
... i think it´s gonna be a long long time ...

[...éstas y algunas otras pocas / canciones de una sola canción / que podríamos lo más bien / llamarla aquí *space oddity* / -relaunched 40 años después / con el mismo encendido entusiasmo...]

teleportation prayer and counting down...

10 beam me up
9 transport me
8 leap me up
7 unplug me
6 transfer me
5 send me to the other end
4 turn me into data and read me
3 scan me molecule by molecule
down to the last atom
2 quantum me
1 or at least: *fly me to the moon*

...

i'll take it from there on out
with the other *jumps* in this *spooky entanglement*

... out in the blue...
... the stars my destination ...
... i think it´s gonna be a long long time ...

[...these and a few other songs / from a single song / which we may very well name here / *space oddity*/ –relaunched 40 years later / with the same fired enthusiasm...]

justo cuando empezamos a entender
esto: *no más sufrimientos verdaderos*
en esta aurora física (en palabras
de ~~Juan Luis Martínez~~? -quien habrá
o no habrá pensado en el Whitman
de 1889, pero igual...), y en estricta
consecuencia a entregar a un *rehab*
de 40 días o + nuestros vicios poéticos
-cada cual en su momento preciso-,
se anuncia *the end of cosmology*
-y los argumentos son convincentes
(véaselos en: http://www.sciam.com,
March 2008 issue), estremecedores
incluso para quienes puedan tomarse
tales cosas con la misma importancia
que se toman los avatares del amor,
así como los de la guerra y otras tristes
paradojas letales de la comedia humana-,
... briefing you here -y para justificar,
sin más voluntad que ésta, la entrada
y la muy personal salida del texto
presente-: *the universe destroys*
the *records of its past*, and slowly
(but, in a cosmic scale this's faster
than we could ever imagine) nothing
will be able *to reach us* de tanta y
tan acelerada expansión, the future
will become for us, beyond our
vecindario estelar, an *unbridgeable*
void, ni siquiera nos será dado
contemplar (como lo hemos hecho

con este otro en el que el sol se pone)
ese *event horizon* donde sin testigos
all the other galaxies will disappear
into oblivion... Y si esto no llegara
a suceder como se predice, déjeseles
a los científicos de aquel entonces,
que no habrán nacido, sin embargo,
en una época más cosmológicamente
feliz que las anteriores...

yo vivo/escribo en esta *aurora*...,
pero todavía descanso en paz,
a roughly *100 billion years*
de mi muerte, a pocos pasos
de un observatorio, cuyos ojos
se han quedado ya del todo ciegos
para lo que no sean sino las luces
vecinas de este *island universe*

por ahora solo canto –en voz baja
y como que no quiere la cosa–
"Learning To Fly" de Pink Floyd,
desde un cerro de más al norte:
http://www.youtube.com/watch?v=PkYZSOfEm1
w&feature=related

just as we were beginning to understand
this: *no more true suffering in this*
aurora of Physics (in the words of
~~Juan Luis Martínez~~? –who may or may
not have been thinking of the Whitman
of 1889, but anyway...), and as a direct
consequence of surrendering our poetic
vices to 40 days or + of *rehab* –each
of us at our own precise moment–,
the *end of cosmology* is foretold
–and the arguments are convincing
(see: http://www.sciam.com, March
2008 issue), startling even to those who place
no more weight on such things than
they do on the avatars of love, or war,
or some other sad and lethal paradox
of the human comedy *...briefing you*
here– and, in order to justify, with no
other aim than this, the opening and
deeply personal close of this text, *the*
universe destroys the records of its past,
and slowly (but, on a cosmic scale, this's
faster than we could ever imagine) nothing
of this great and accelerated expansion
will be able *to reach us,* the future
will become, beyond our stellar neighborhood,
an *unbridgeable void,* as we find ourselves
unable to contemplate (as we have
the other, the one against which the sun sets)
that *event horizon* where, without witnesses,
all the other galaxies will disappear

into oblivion... And if this does not come
to pass as predicted, leave it to the
scientists of that future generation,
who could not, nevertheless, have been
born into a time more cosmologically
charmed than its predecessors...

i live/write in this *aurora...*,
but still i rest in peace,
roughly *100 billion years*
from my death, steps from
an observatory, the eyes of which
have by now fallen blind to all
but the neighboring lights
of this *island universe*

for now i simply sing –casually, quietly–
Pink Floyd's "Learning to Fly"
from a hill to the north:
http://www.youtube.com/watch?v=PkYZSOfEm1
w&feature=related

u n d e r p e r p e t u a l c o n s t r u c t i o n

-for the time being i only have an anecdotal image of our Sister Moon and the well-worn metaphor of the glorious, pale and dimpled breast that watches over us at night*-

* ésa, en sus 3 versiones básicas [sin contar la de los que la parcelan ni la de los que sólo le ven su helium-3]: a) la común a todos aquí abajo y a todo allá arriba, b) la de los fans de San Juan de la Cruz, y, por qué no (verdades del corazón al canto), c) la *indie-pop* de *The Magnetic Fields*, cuando dice en su "i Don't Believe in the Sun" (de *69 Love Songs*): "They say there's a sun in the sky / They say there's a sun in the sky / but me, i can't imagine why... / There might have been one / before you were gone / but now all i see is the night, so / i don't believe in the sun"... ; y que, no por casualidad, termina así: "The moon to whom the poets croon / has given up and died / Astronomy will have to be revised." Sentimentalidades éstas que, ciertamente, revisaré -y de las que renacerán mis versos, confío- coloreando *my way* el *cántico* del Poverello al dar punto final a estos *elegant poems* y de ahí (si los astros quieren) a la imprenta o al Internet (or both, why not!).

* the moon, from three perspectives [not to mention the one in which the moon is not seen more than a resort or a sort of real state business; or the other one in which the moon will be a space island of helium-3] : a) shared by all down here and all that is above, b) favored by fans of Saint John of the Cross, and, why not (the truths of the heart are often sung), c) the *indie-pop* version of *The Magnetic Fields*, whose "i Don't Believe in the Sun" (from *69 Love Songs*) goes: "They say there's a sun in the sky / They say there's a sun in the sky / but me, i can't imagine why... / There might have been one / before you were gone / but now all i see is the night, so / i don't believe in the sun."... ; and which, not coincidentally, ends with the lines: "The moon to whom the poets croon / has given up and died / Astronomy will have to be revised." Sentiments i will certainly revise – and from which my own verses will be reborn, i hope – coloring Povorello's *canticle* my way to provide these *elegant poems* with a proper ending, and from there (if the stars allow) to press, or internet (or both, why not!).

canticle of Sir Brother Sun (with a country-music twist)

[diagrammed by Jason Ray Robinson]

[*to be continued* when my *space-time* is a little less chaotic]

About this book

In this foundational and unusual book of poetry, Luis Correa-Díaz achieves the almost impossible feat of imbuing poetry with new breath. In a time when poets speak and no longer sing, this poet returns poetry to its best and most permanent space: where language is sung and celebrates itself. A unique, splendid, prophetic book.

Eduardo Espina (Texas A&M University) -Uruguayan poet, author of *Cutis patrio* and *El disfraz de la modernidad*; co-editor of the influential anthology *Medusario* and *Hispanic Poetry Review*

It has been said that Latin American poetry was *bare-faced* and *shameless*. The work of this Chilean-American poet might certainly be described in those terms. Luis Correa-Díaz's writing is both disturbingly *pop* and unexpectedly classical...; and now this new poetry collection demonstrates another of his breakthrough in the use of Spanish: adventurous explorations of the cosmic possibilities of the language. Heather Cleary Wolfgang's brilliant translations do a great job of delivering these elegant poems to other readers.

Miguel Gomes (University of Connecticut) - Venezuelan writer, author of *Viviana y otras historias del cuerpo* y *El fantasma portugués*

Cosmological Me is a welcome poetic surprise both in Spanish and English; the originals challenge our understanding of poetry, and the translations convincingly contribute to spreading this peculiar news.

Jesús Sepúlveda (University of Oregon) -author of *The Garden of Peculiarities* and *Hotel Marconi*

I find the wealth of references and the mix of languages in Correa-Diaz's work electric, and have enjoyed traveling, while seated in my own dimensions of time and space, in the not exactly the same dimensions of a Chilean-American poet and academic who is not afraid to break the rules of syntax, but can do so while enhancing the rhythm. I am also delighted finally to read some foreign poetry that's been well translated!

Jonathan Dunne -poet, translator and director of SmallStations.com

The elegant poems of *Cosmological Me* dare not only to bridge poetry and science, but also and most importantly they remind us of that 14th C. dictum attributed to Jean Mignot: "ars sine scientia nihil est." In this sense Luis Correa-Diaz's book is a sort of elegy of poetry as we know it, in the same line of R.E.M.'s elegiac song "Losing my religion."

Roger Santiváñez -Peruvian poet, author of *Eucaristía* and *Dolores Morales de Santiváñez*

Summary and Provisional Order

CALIGRAMA

Retóricas irreverentes, artefactos para desarmar, arquitecturas poéticas resistentes al desgaste. Desear lo nuevo. ¿Cómo nombrar lo ya dicho?

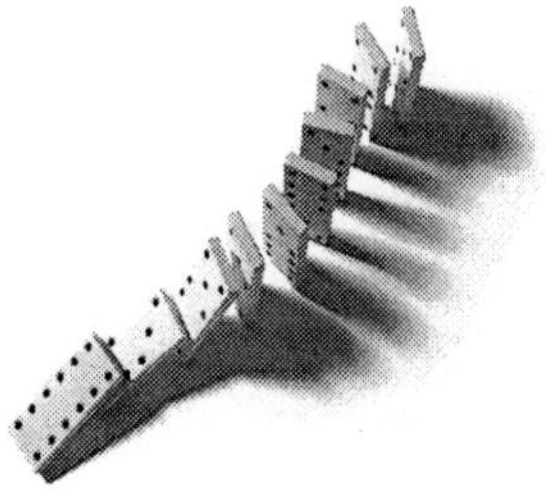

El fin de la noche, constelación de narrativa y poesía hispanoamericana. Con publicaciones de cuidado artesanal y soporte imperecedero, el sello integra la tecnología de edición más avanzada -impresión bajo demanda, libre acceso de lectura online y distribución digital internacional que permite que los libros estén siempre disponibles- a la delicada paciencia para el armado de cada título.

Que los libros luminosos jamás se agoten.

Puede conseguir nuestros títulos desde cualquier ciudad del país y del mundo. En nuestra página www.elfindelanoche.com.ar encontrará la red de librerías virtuales nacionales e internacionales asociadas.

Por cualquier consulta, por favor contáctese a info@elfindelanoche.com.ar